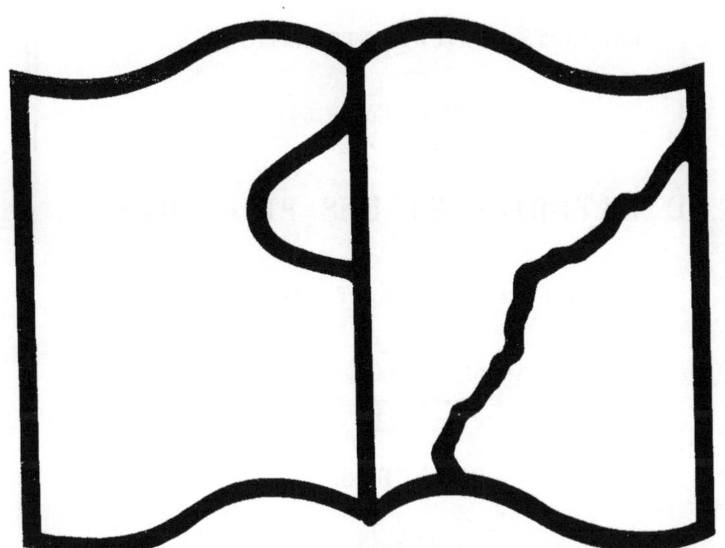

Texte détérioré — reliure défectueuse

NF Z 43-120-11

MINISTÈRE DE L'AGRICULTURE ET DU COMMERCE.

EXPOSITION UNIVERSELLE INTERNATIONALE DE 1878 À PARIS.

RAPPORTS DU JURY INTERNATIONAL.

GROUPE VI. — CLASSE 51.

LE MATÉRIEL ET LES PROCÉDÉS

DES

INDUSTRIES AGRICOLES ET FORESTIÈRES,

PAR

M. ALFRED DURAND-CLAYE,

INGÉNIEUR DES PONTS ET CHAUSSÉES.

PLANCHES.

PARIS.

IMPRIMERIE NATIONALE.

M DCCC LXXX.

LE MATÉRIEL ET LES PROCÉDÉS

DES

INDUSTRIES AGRICOLES ET FORESTIÈRES.

PLANCHES.

MINISTÈRE DE L'AGRICULTURE ET DU COMMERCE.

EXPOSITION UNIVERSELLE INTERNATIONALE DE 1878 À PARIS.

GROUPE VI. — CLASSE 51.

LE MATÉRIEL ET LES PROCÉDÉS

DES

INDUSTRIES AGRICOLES ET FORESTIÈRES,

PAR

M. ALFRED DURAND-CLAYE,

INGÉNIEUR DES PONTS ET CHAUSSÉES.

PLANCHES.

PARIS.

IMPRIMERIE NATIONALE.

M DCCC LXXX.

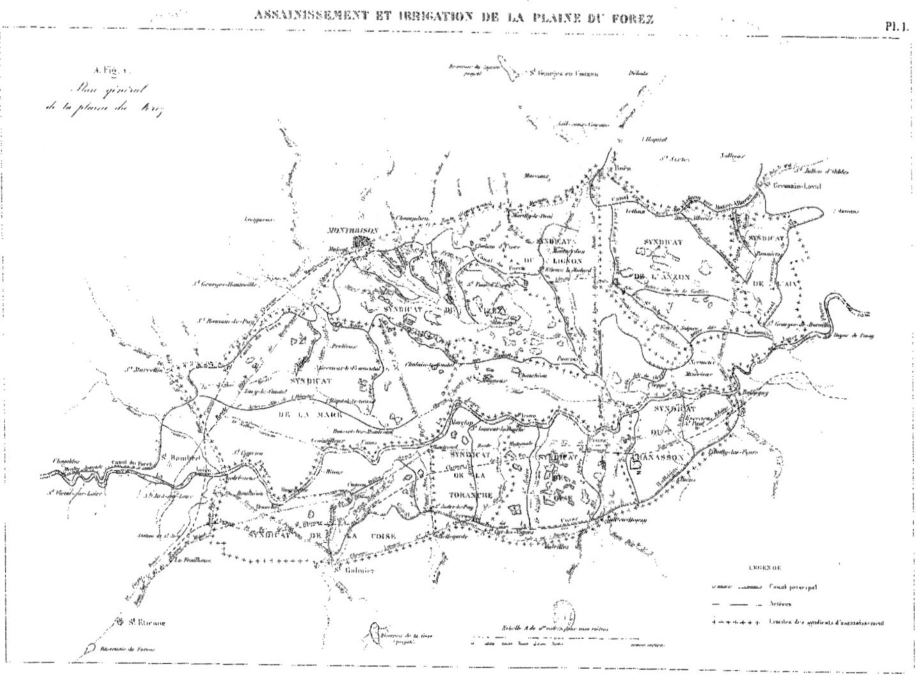
A. Fig. 1.
Plan général
de la plaine du Forez
MONTBRISON
SYNDICAT DU LIGNON
SYNDICAT DE L'ANZON
SYNDICAT DE L'AIX
SYNDICAT DU LEEZ
SYNDICAT DE LA MARE
SYNDICAT DE LA TORANCHE
SYNDICAT DE LA COISE
SYNDICAT DU GANASSON
St Étienne
St Galmier
St Rambert
LÉGENDE
Canal principal
Artères
Limites des syndicats d'assainissement

ASSAINISSEMENT ET IRRIGATION DE LA PLAINE DU FOREZ

Pl. II.

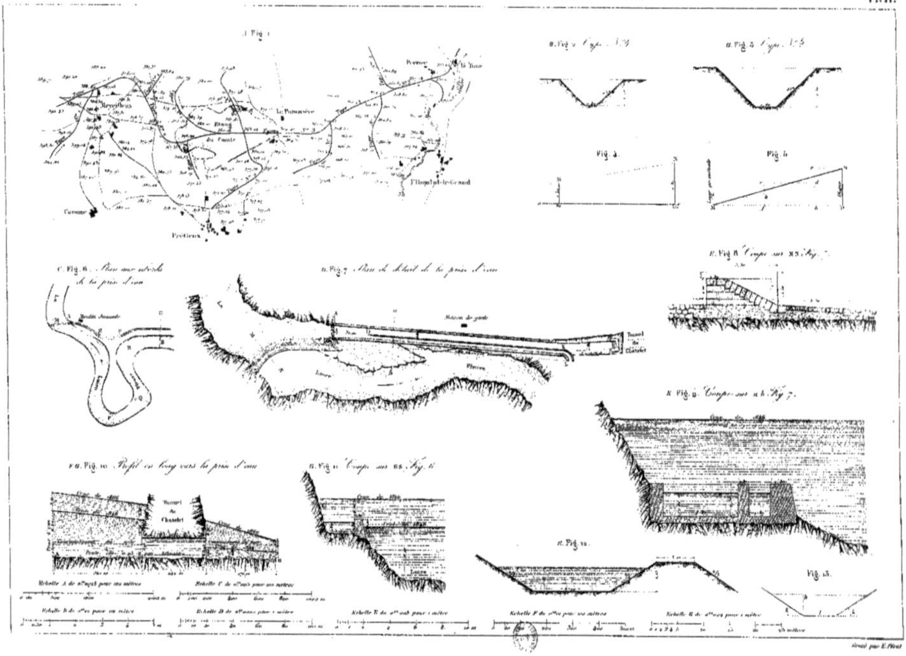

Gravé par E. Pérot

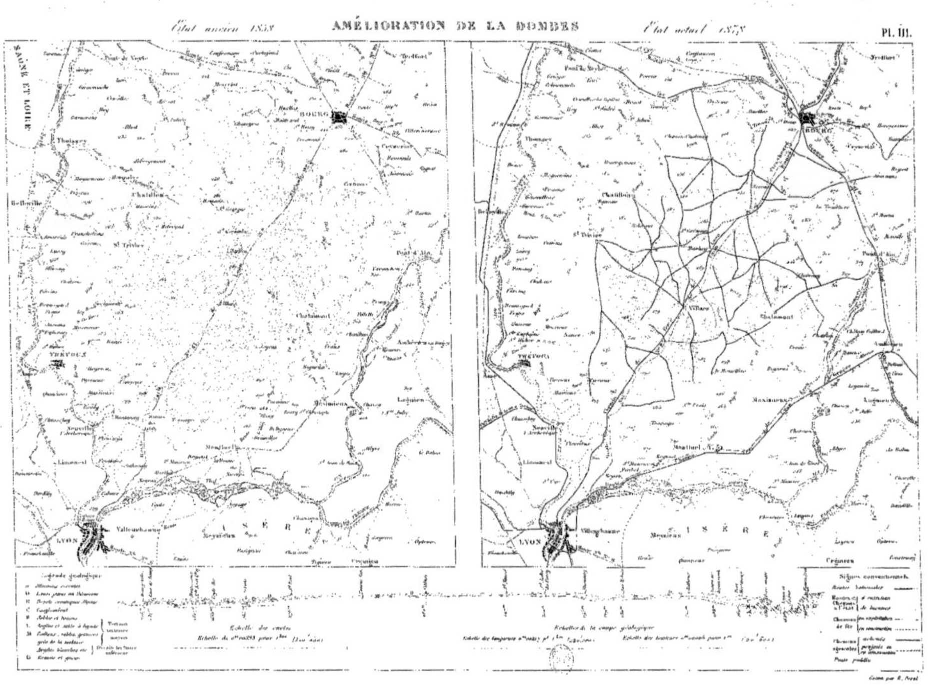
État ancien 1858
AMÉLIORATION DE LA DOMBES
État actuel 1858
Pl. III.
SAONE ET LOIRE
BOURG
ISÈRE
LYON
ISÈRE
Légende géologique
Signes conventionnels

ASSAINISSEMENT DES LANDES DE GASCOGNE

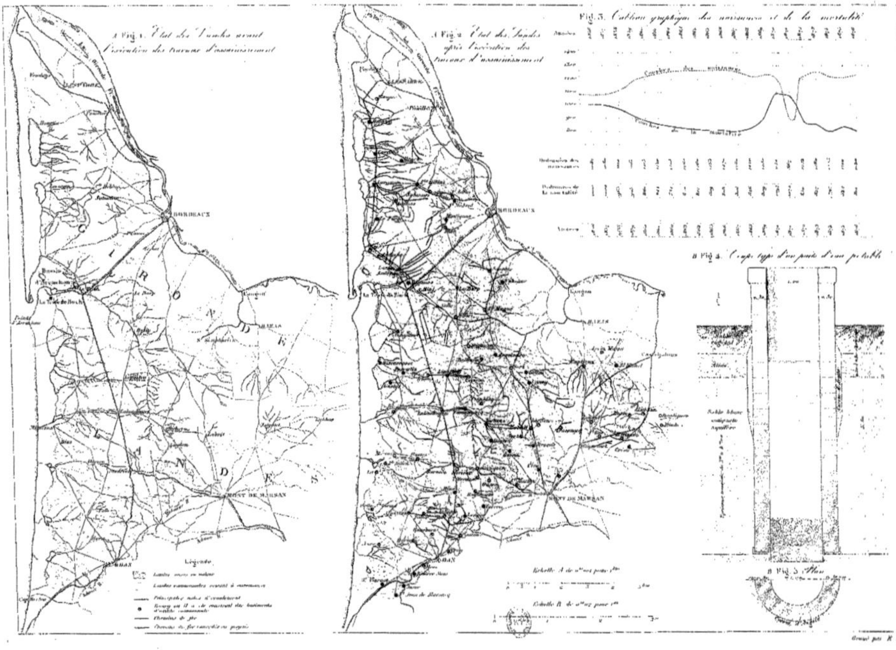

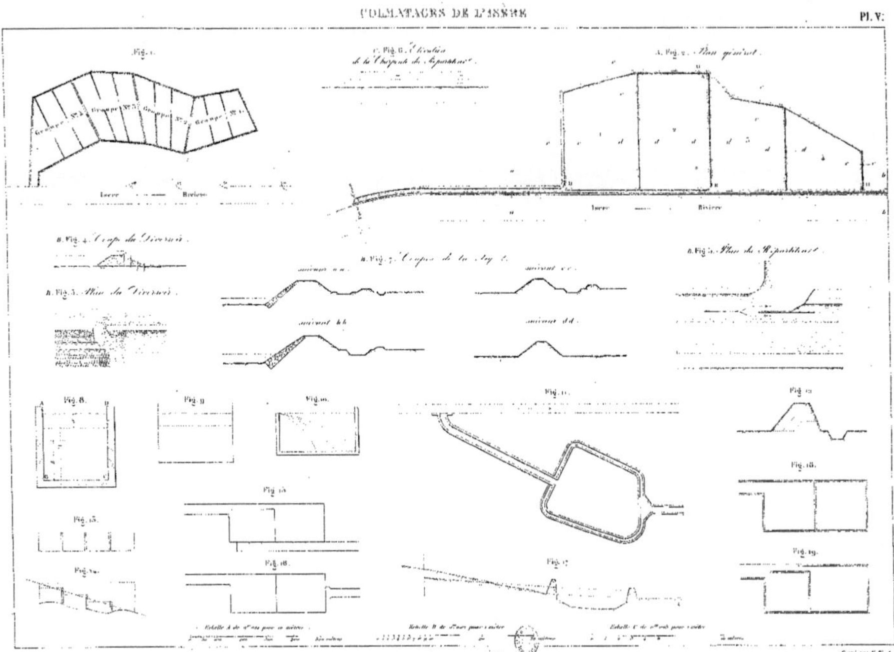

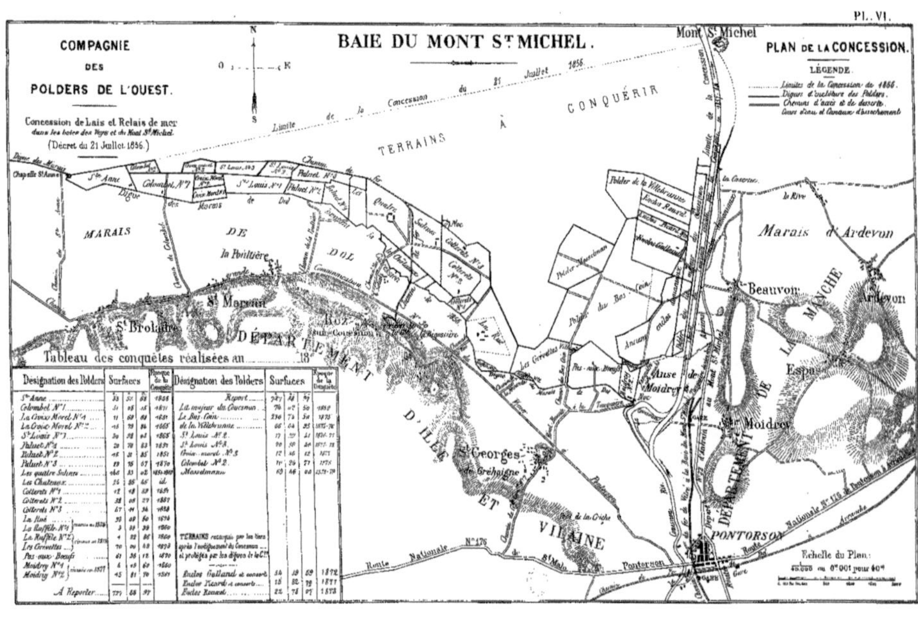

PL. VI.
BAIE DU MONT St MICHEL.
COMPAGNIE DES POLDERS DE L'OUEST.
Concession de Lais et Relais de mer dans les baies des Veys et du Mont St Michel.
(Décret du 21 Juillet 1856.)
PLAN DE LA CONCESSION.
LÉGENDE.
Limites de la Concession de 1856.
Digues d'exclôture des Polders.
Chemins d'accès et de desserte.
Cours d'eau et Canaux d'assèchement.
TERRAINS A CONQUÉRIR
Mont St Michel
MARAIS DE DOL
DÉPARTEMENT D'ILLE ET VILAINE
Marais d'Ardevon
Ardevon
Beauvoir
MANCHE
Moidrey
St Georges de Gréhaigne
PONTORSON
St Broladre
St Marcan
Tableau des conquêtes réalisées
Échelle du Plan.

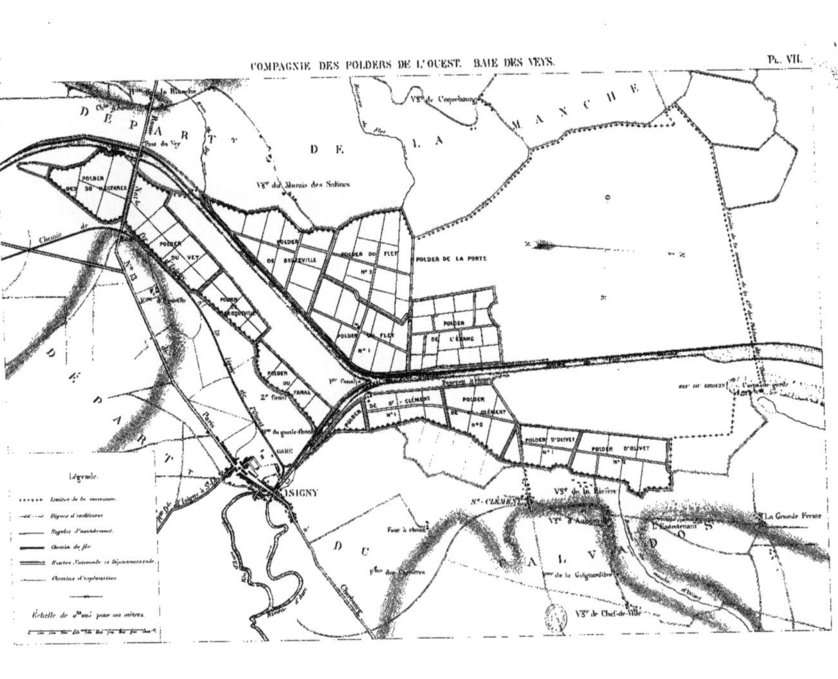

COMPAGNIE DES POLDERS DE L'OUEST. BAIE DES VEYS.
PL. VII.
Vge de Coquebourg
DE LA MANCHE
DEPARTT DE
Vge du Marais des Salines
POLDER DES 30 HECTARES
POLDER DU VET
POLDER DE BELLEVILLE
POLDER DU FLET N° 3
POLDER DE LA PORTE
POLDER DE L'ÉTANG
POLDER DU FLET N° 1
POLDER DU FANAL
POLDER DE St CLÉMENT N° 2
POLDER DE St CLÉMENT
POLDER D'OLIVET N° 1
POLDER D'OLIVET
ISIGNY
St CLÉMENT
Vge de la Rivière
La Grande Ferme
DEPARTT DU CALVADOS
Légende.
Limites de la concession.
Digues et radiéures
Rigoles d'assainissement.
Chemin de fer
Routes Nationale et Départementale.
Chemins d'exploitation
Échelle de 0m001 pour 100 mètres.

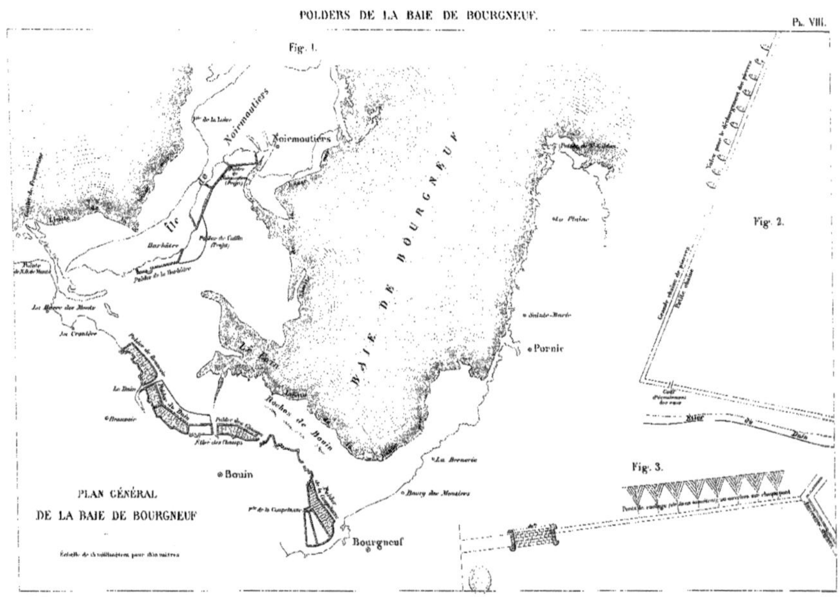

Plan général de la Baie de Bourgneuf

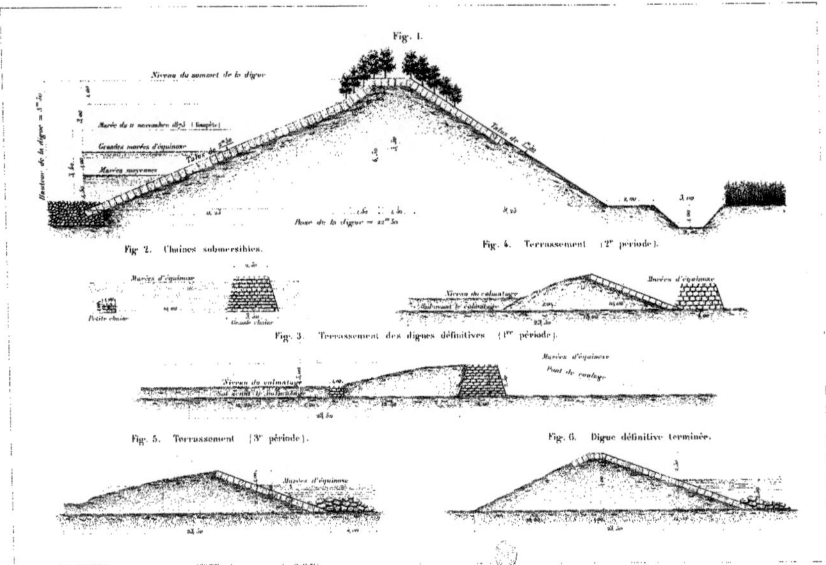

Fig. 2. Chaînes submersibles.

Fig. 3. Terrassement des digues définitives (1re période).

Fig. 4. Terrassement (2e période).

Fig. 5. Terrassement (3e période).

Fig. 6. Digue définitive terminée.

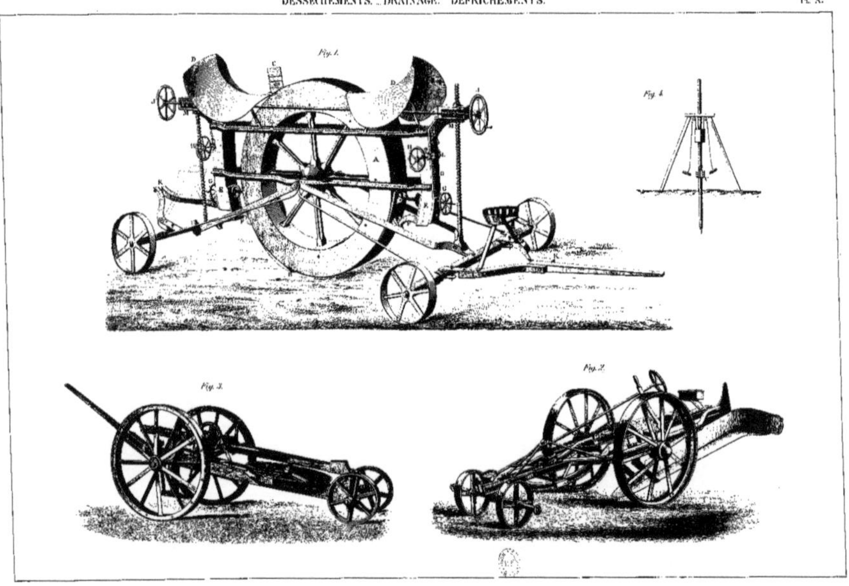
Fig. 1.
Fig. 4.
Fig. 3.
Fig. 2.

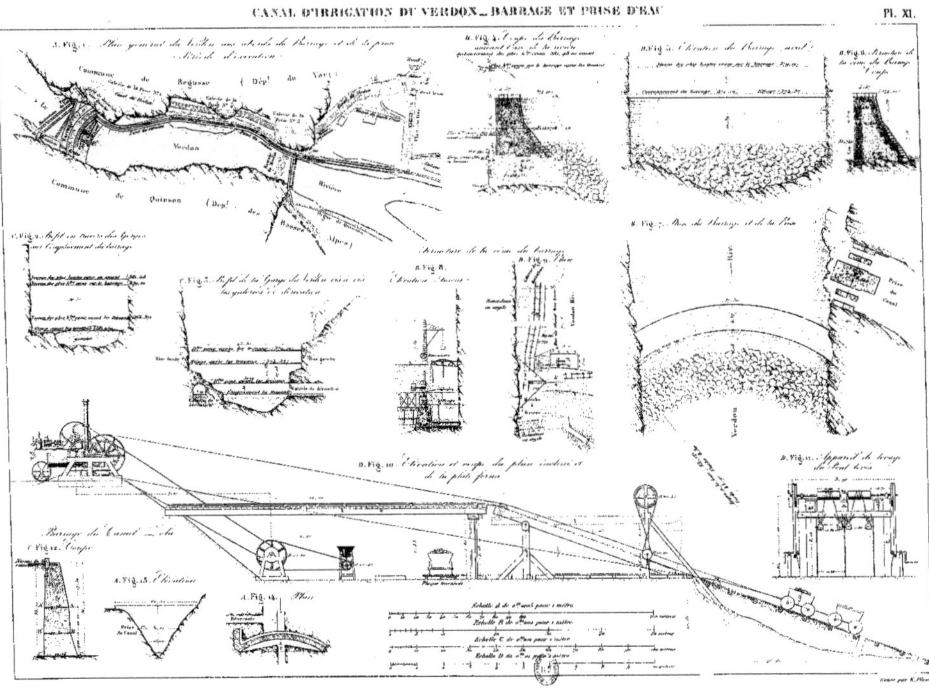

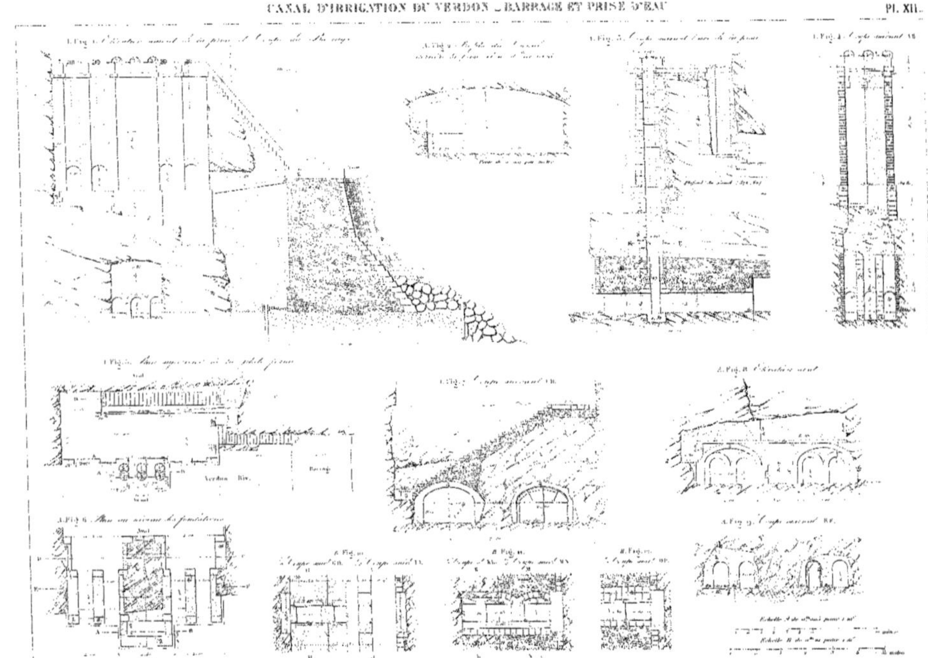

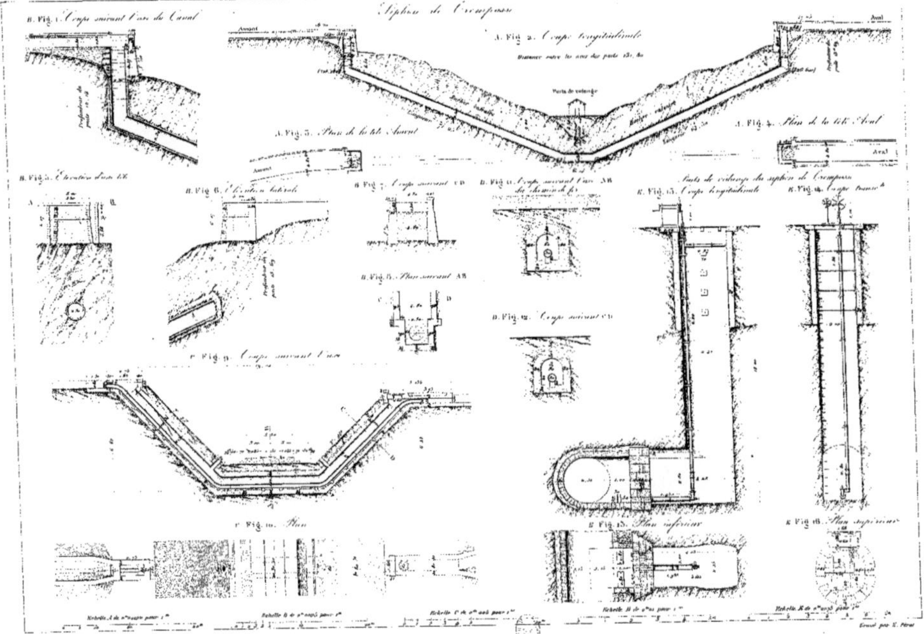

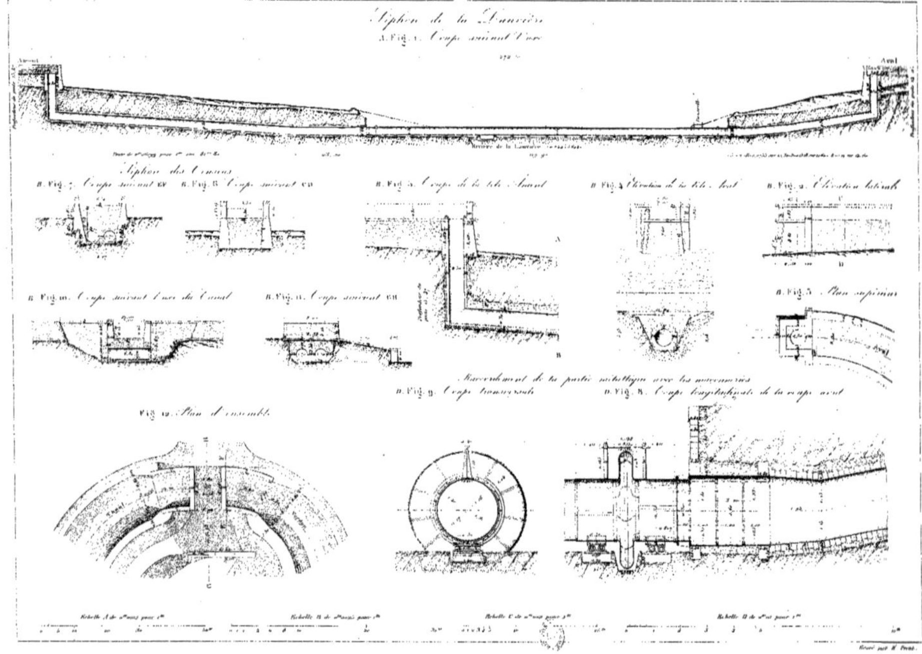
Siphon de la Dauvière
A. Fig. 1. Coupe suivant l'axe
Amont
Aval
Siphon des Cinaux
B. Fig. 2. Coupe suivant CV
B. Fig. 3. Coupe suivant CD
B. Fig. 4. Coupe de la tête Amont
B. Fig. 4. Élévation de la tête Aval
B. Fig. 5. Élévation latérale
B. Fig. 10. Coupe suivant l'axe du Canal
B. Fig. 6. Coupe suivant CD
B. Fig. 5. Plan supérieur
Raccordement de la partie métallique avec les maçonneries
D. Fig. 7. Coupe transversale
D. Fig. 8. Coupe longitudinale de la coupe aval
Fig. 11. Plan d'ensemble
Échelle A de 0,002 pour 1 m
Échelle B de 0,005 pour 1 m
Échelle C de 0,01 pour 1 m
Échelle D de 0,01 pour 1 m

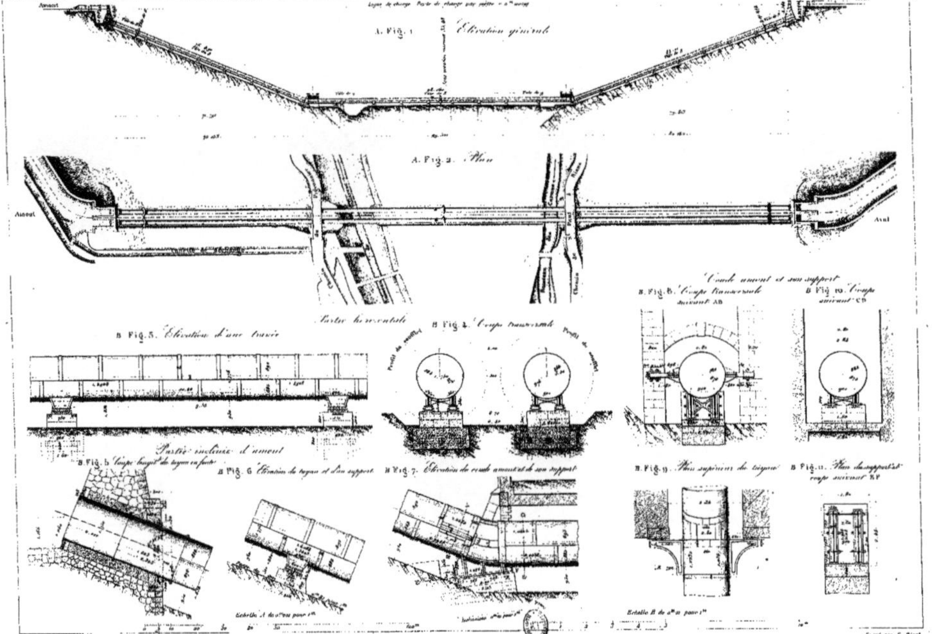
Amont
Aval
A. Fig. 1. Élévation générale
A. Fig. 2. Plan
Amont
Aval
Coude amont et son support
B. Fig. 9. Coupe transversale suivant AB
B. Fig. 10. Coupe suivant CD
Partie horizontale
B. Fig. 3. Élévation d'une travée
B. Fig. 4. Coupe transversale
Partie inclinée d'amont
B. Fig. 5. Coupe longit. du tuyau en fonte
B. Fig. 6. Élévation du tuyau et de son support
B. Fig. 7. Élévation du coude amont et de son support
B. Fig. 11. Plan supérieur du tuyau
B. Fig. 12. Plan du support et coupe suivant KL
Échelle A de 0,005 pour 1m.
Échelle B de 0,02 pour 1m.
Gravé par E. Pérot

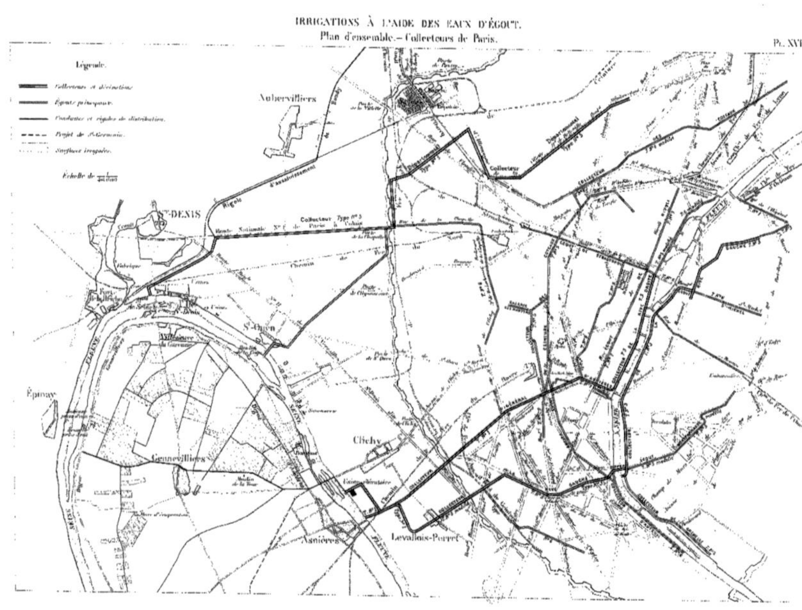

IRRIGATIONS À L'AIDE DES EAUX D'ÉGOUT.
Plan d'ensemble.— Collecteurs de Paris.
Pl. XVI.
Légende.
Collecteurs et dérivations.
Égouts principaux.
Conduites et rigoles de distribution.
Projet de Saint-Germain.
Surfaces irriguées.
Échelle de
Aubervilliers
St-DENIS
Épinay
Gennevilliers
St-Ouen
Clichy
Asnières
Levallois-Perret

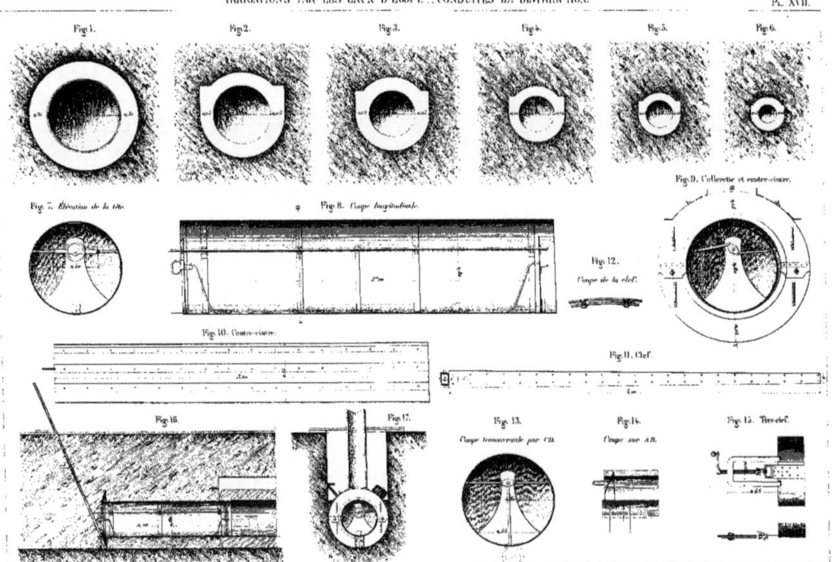
Fig. 1.
Fig. 2.
Fig. 3.
Fig. 4.
Fig. 5.
Fig. 6.
Fig. 7. Élévation de la tête.
Fig. 8. Coupe longitudinale.
Fig. 9. Collerette et contre-vizure.
Fig. 12. Coupe de la clef.
Fig. 10. Contre-vizure.
Fig. 11. Clef.
Fig. 16.
Fig. 17.
Fig. 13. Coupe transversale par CD.
Fig. 14. Coupe sur AB.
Fig. 15. Tire-clef.

Fig. 1.
Bouche de distribution. 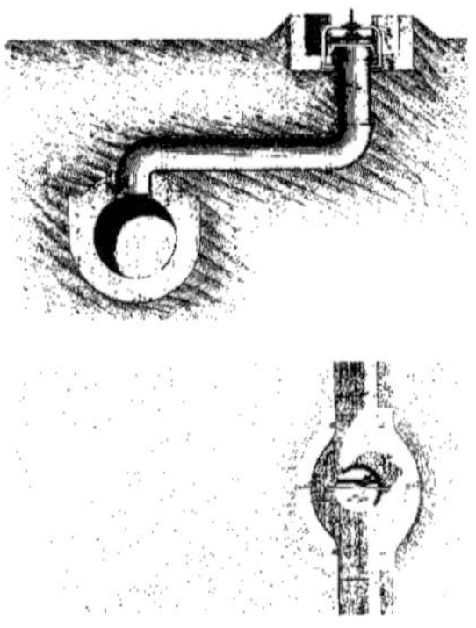
Fig. 2. Bouche de n...
Fig. 3.

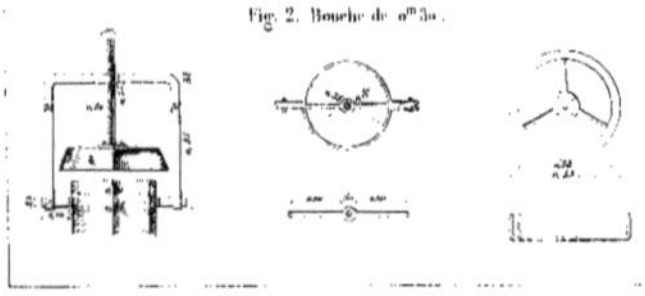

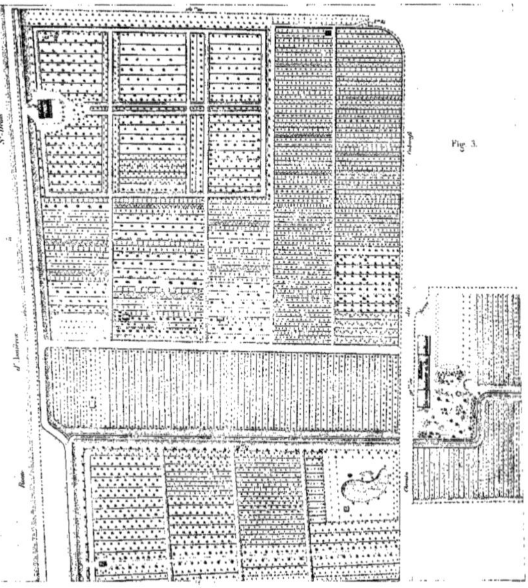

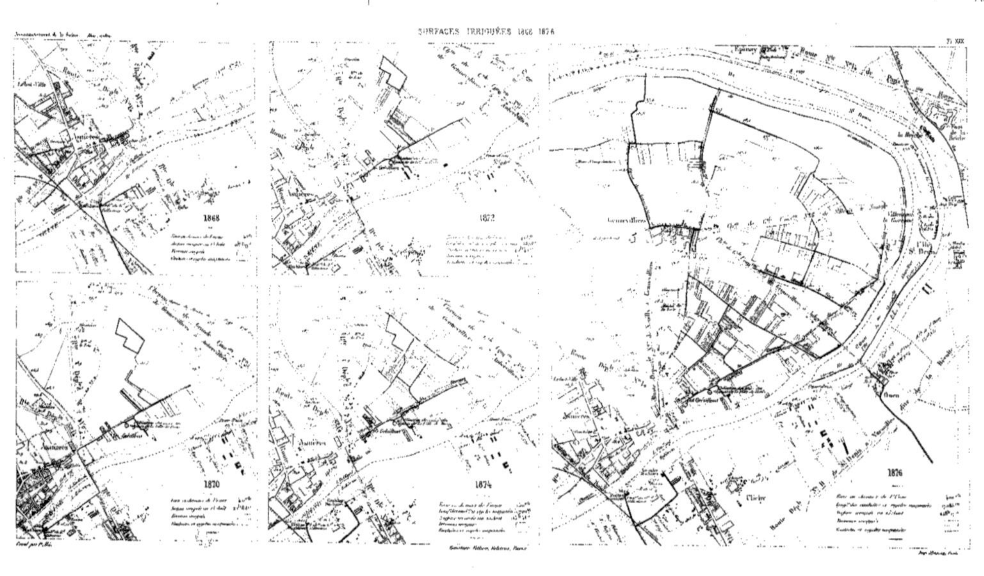
Pl. XXX
1868
1872
1870
1874
1876
Genevilliers
Asnières

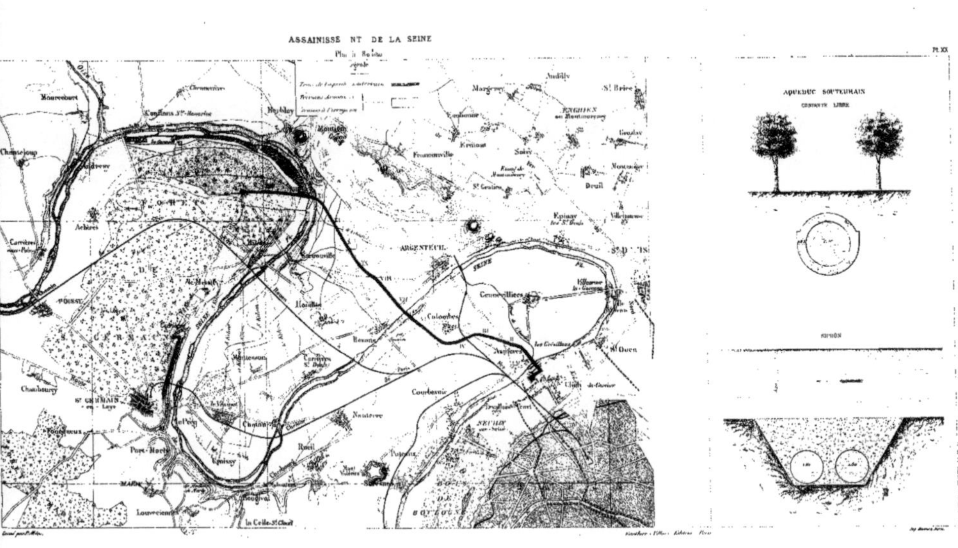

ASSAINISSE NT DE LA SEINE
Pl. XX
AQUEDUC SOUTERRAIN
CONDUITE LIBRE
SIPHON

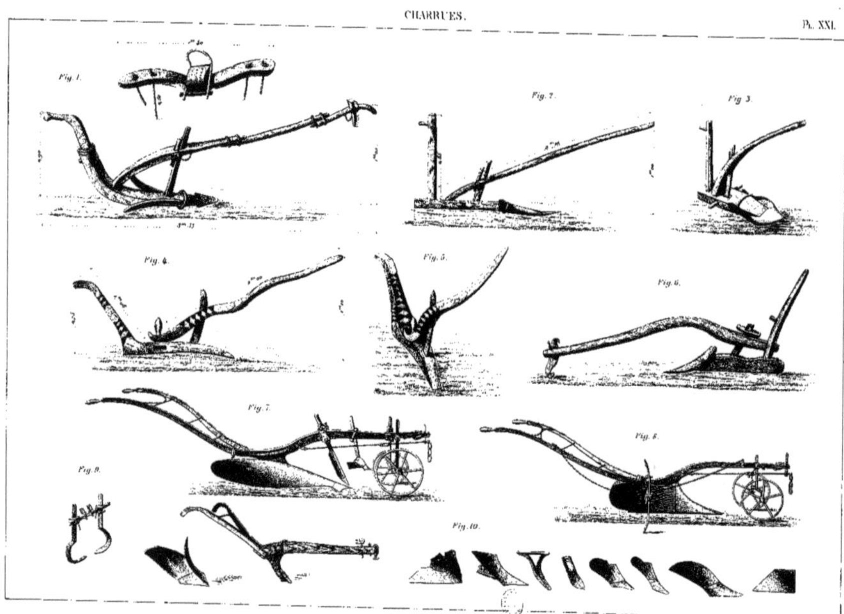

Fig. 1.
Fig. 2.
Fig. 3.
Fig. 4.
Fig. 5.
Fig. 7.
Fig. 6.
Fig. 9.
Fig. 12.
Fig. 8.
Fig. 10.
Fig. 11.

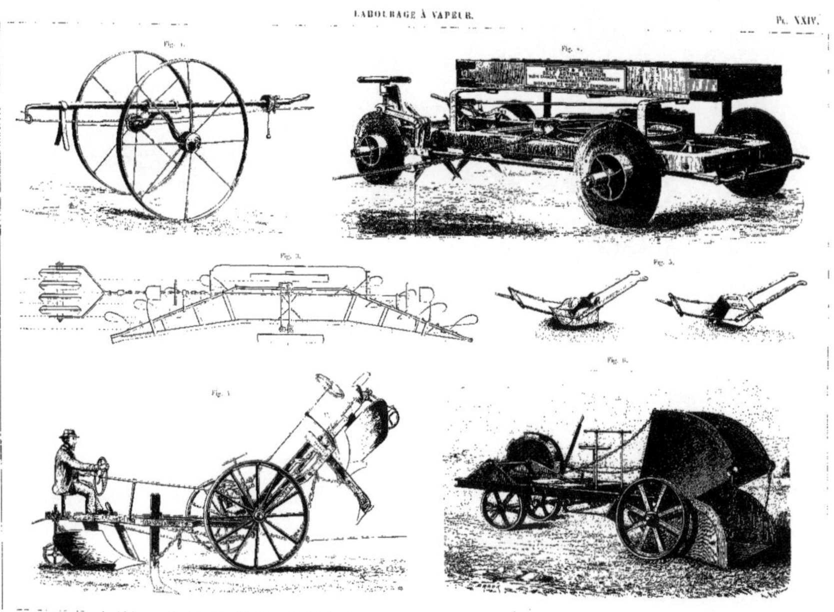

Fig. 1.   Fig. 2.   Fig. 3.   Fig. 4.   Fig. 5.   Fig. 6.   Fig. 7.   Fig. 8.   Fig. 9.   Fig. 10.   Fig. 11.   Fig. 12.   Fig. 13.

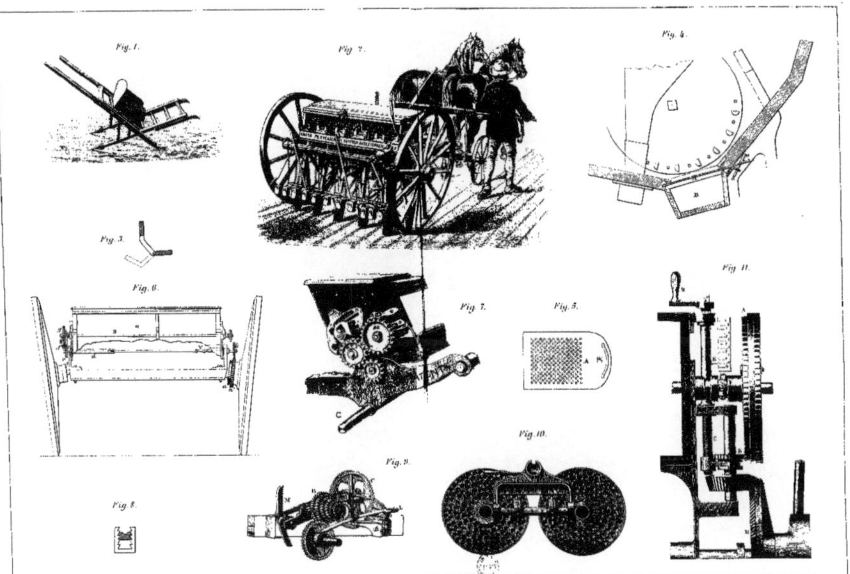

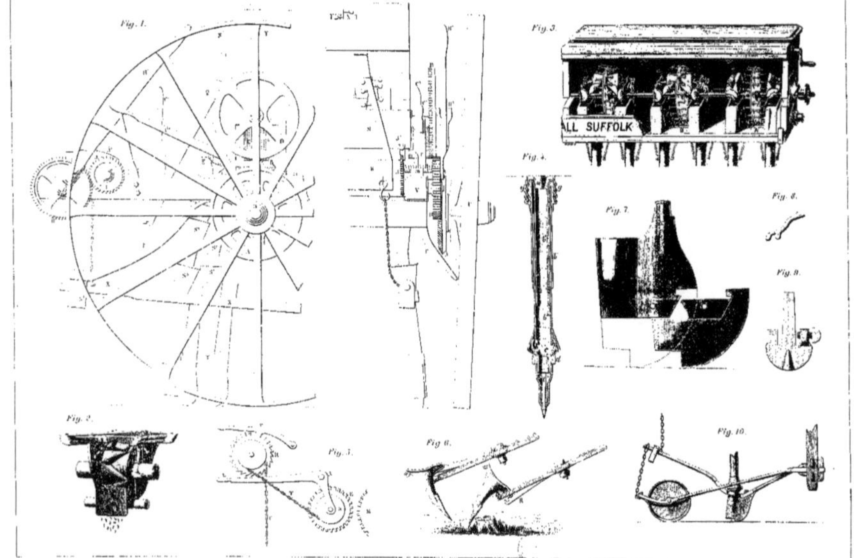
Fig. 1.
Fig. 2.
Fig. 3.
ALL SUFFOLK
Fig. 4.
Fig. 5.
Fig. 6.
Fig. 7.
Fig. 8.
Fig. 9.
Fig. 10.

Fig. 1.

Fig. 4.

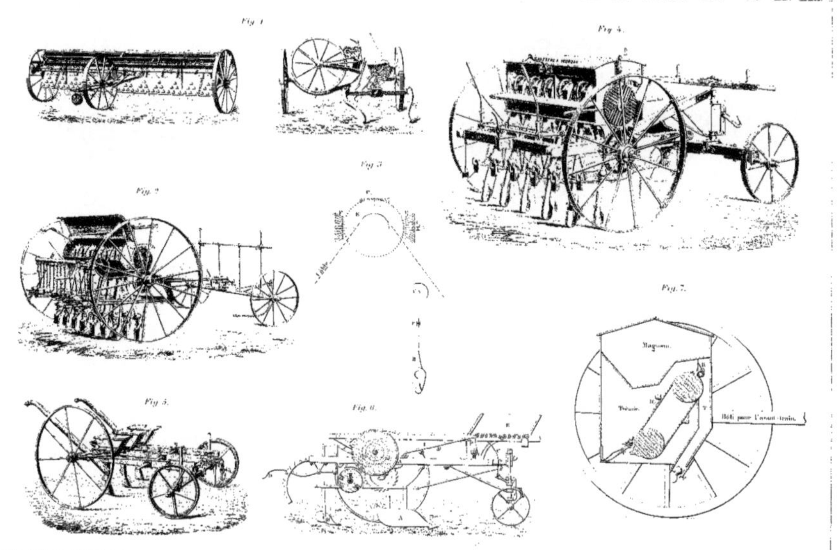

Fig. 2.

Fig. 3.

Fig. 5.

Fig. 6.

Fig. 7.

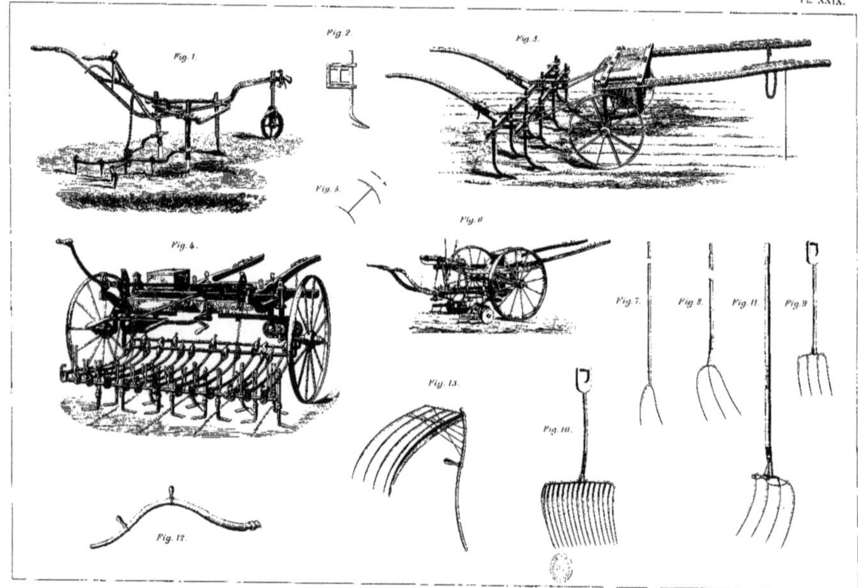
Fig. 1.
Fig. 2.
Fig. 3.
Fig. 5.
Fig. 6.
Fig. 4.
Fig. 7.
Fig. 8.
Fig. 11.
Fig. 9.
Fig. 13.
Fig. 10.
Fig. 12.

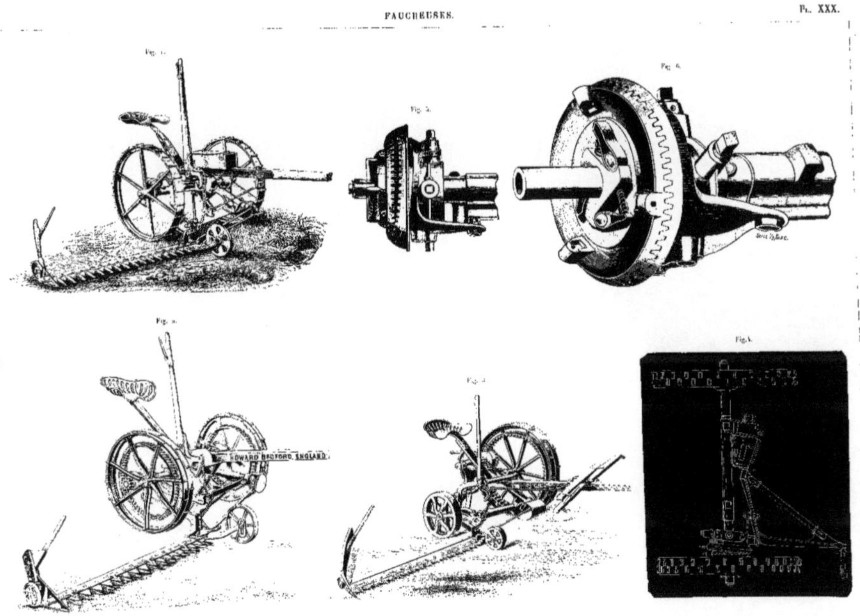
Fig. 1.
Fig. 5.
Fig. 6.
Fig. 2.
Fig. 3.
Fig. 4.
HOWARD BEDFORD, ENGLAND.

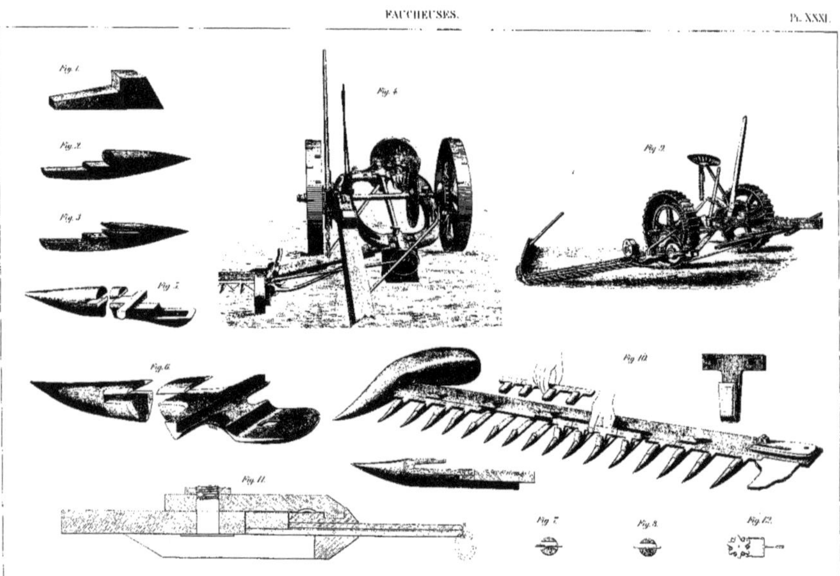

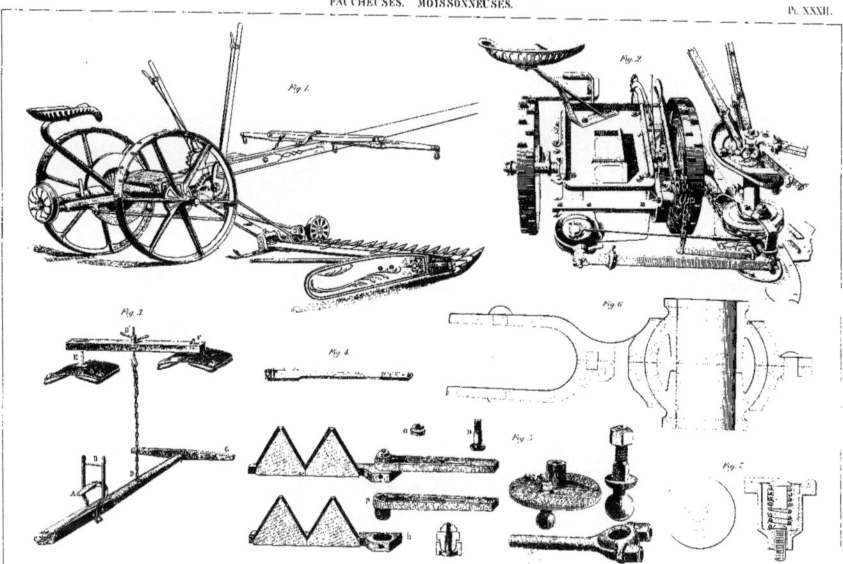

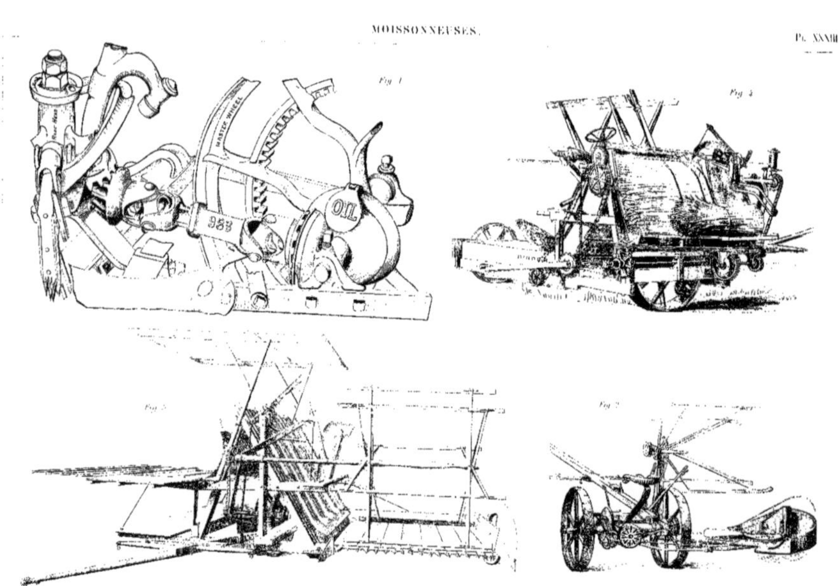
Fig. 1
Fig. 4
Fig. 3
Fig. 2
OIL

Fig. 1.

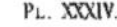

Fig. 4.

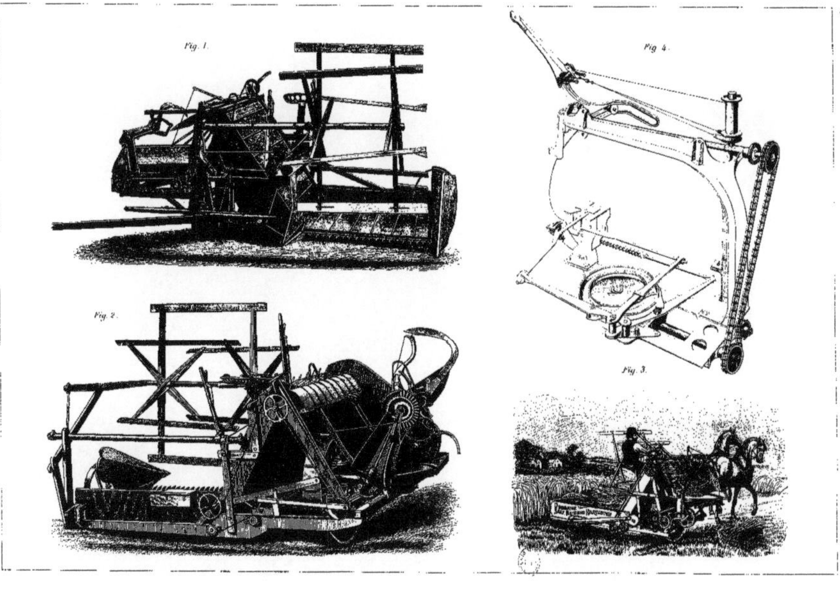

Fig. 2.

Fig. 3.

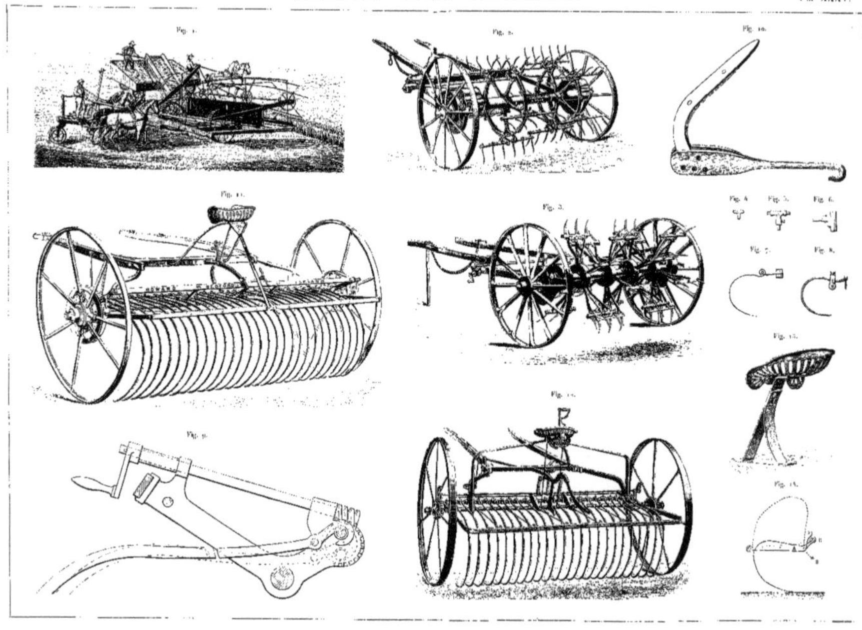

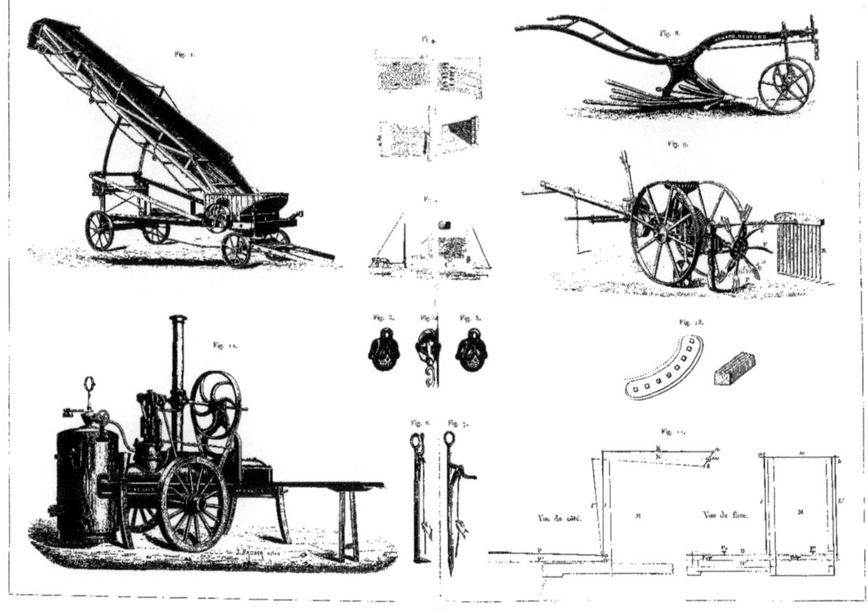

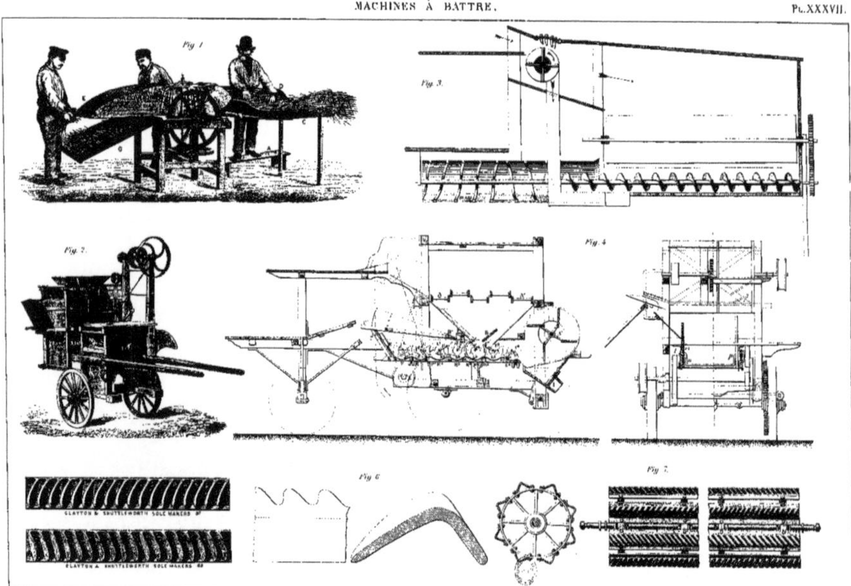
Fig 1.
Fig 3.
Fig 2.
Fig 4.
Fig 6.
Fig 7.
CLAYTON & SHUTTLEWORTH SOLE MAKERS
CLAYTON & SHUTTLEWORTH SOLE MAKERS

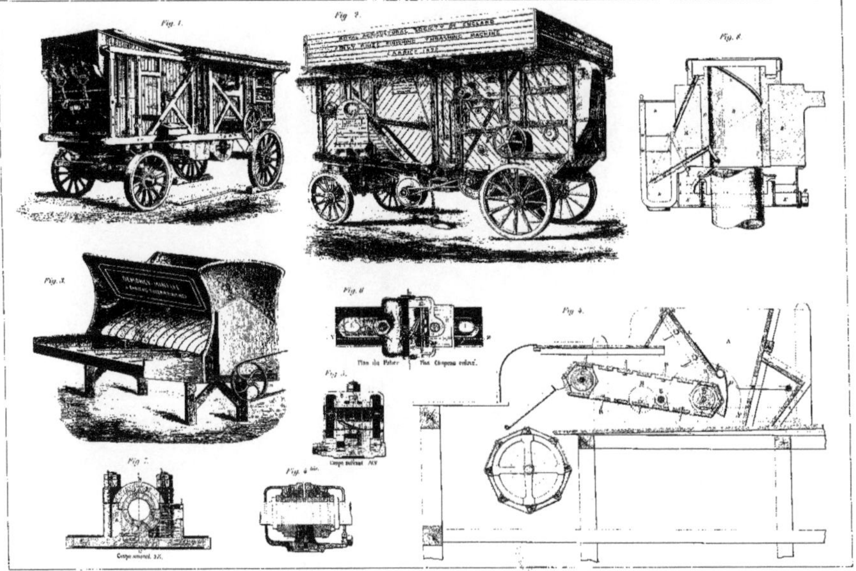
Fig. 1.
Fig. 2.
ROYAL AGRICULTURAL SOCIETY OF ENGLAND
FINEST PRIZE MACHINE THRASHING MACHINE
Fig. 8.
Fig. 3.
Fig. 6.
Plan du Palier
Plan Chapeau enlevé
Fig. 5.
Coupe suivant AB
Fig. 7.
Fig. 4 bis.
Coupe suivant CD.
Fig. 4.

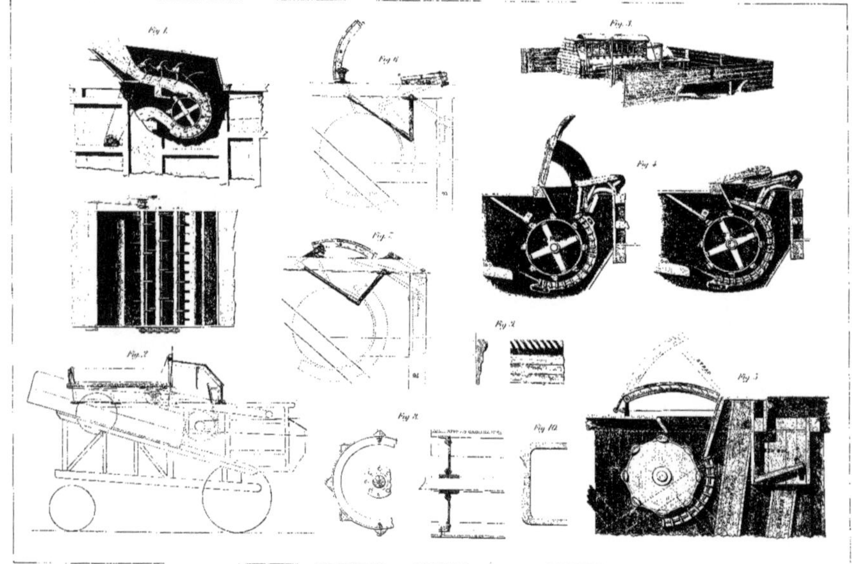

Victor Rose

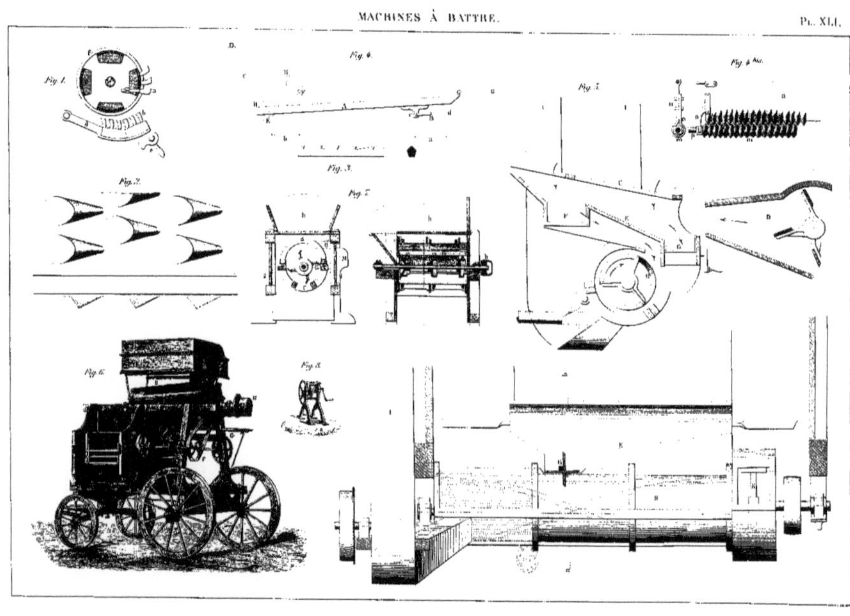

Fig. 1.
Fig. 2.
Fig. 3.
Fig. 4.
Fig. 5.
Fig. 6.
Fig. 6 bis.
Fig. 7.
Fig. 8.

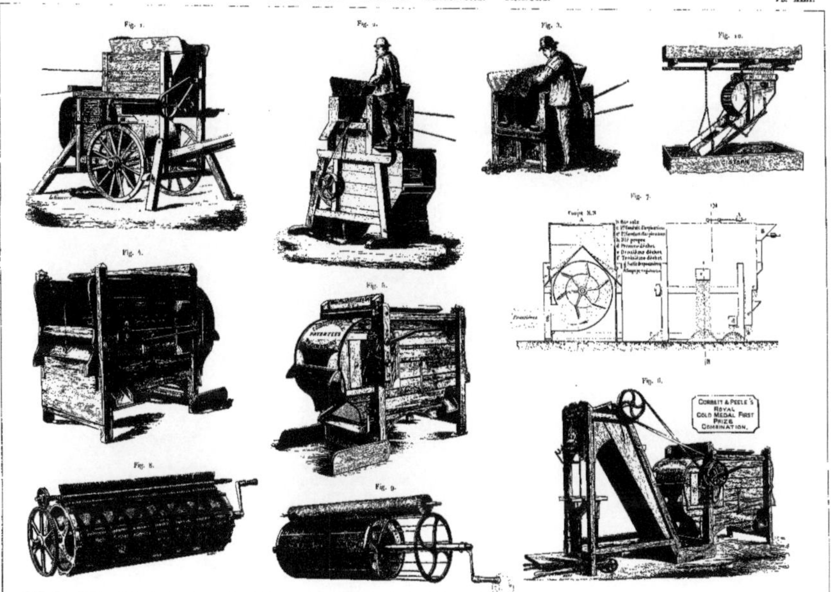

Fig. 1. — Fig. 2. — Fig. 3. — Fig. 10. — Fig. 4. — Fig. 5. — Fig. 7. — Fig. 6. — Fig. 8. — Fig. 9.

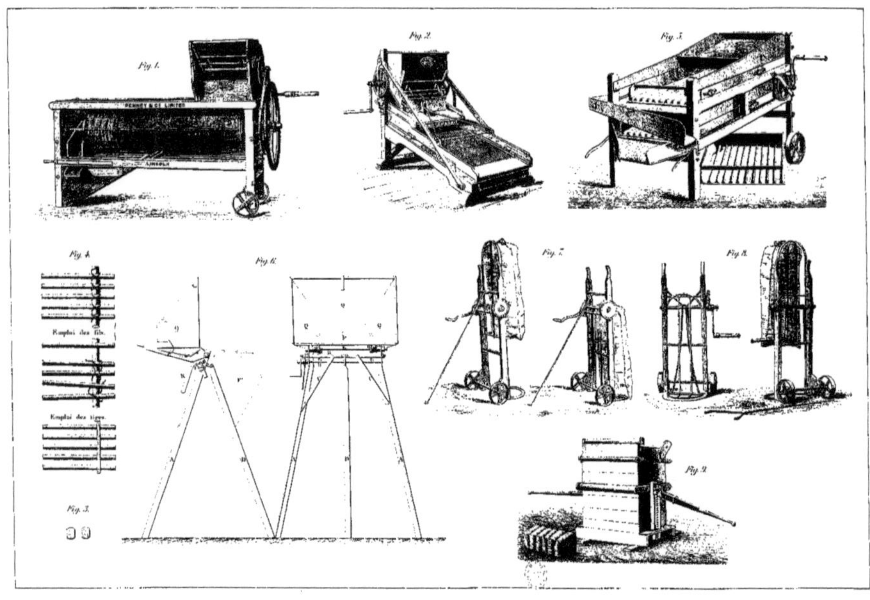

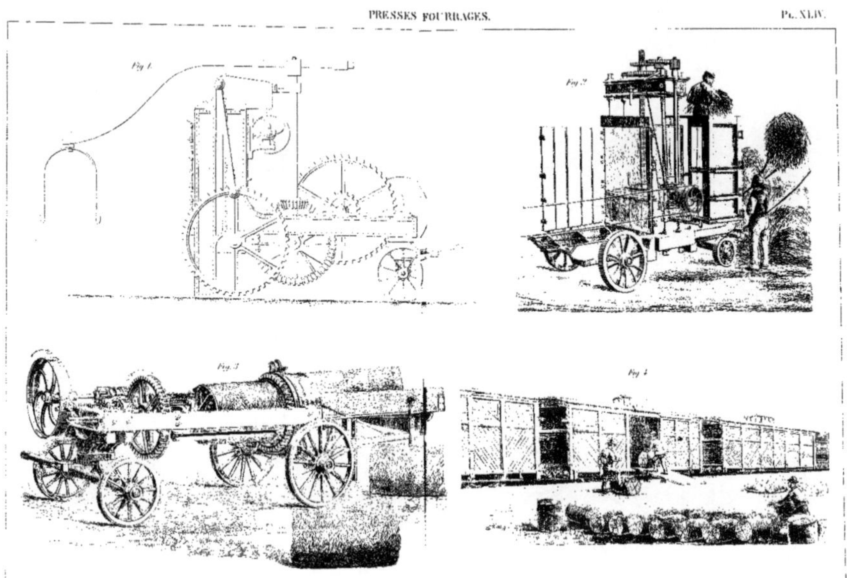
Fig. 1.
Fig. 2.
Fig. 3.
Fig. 4.

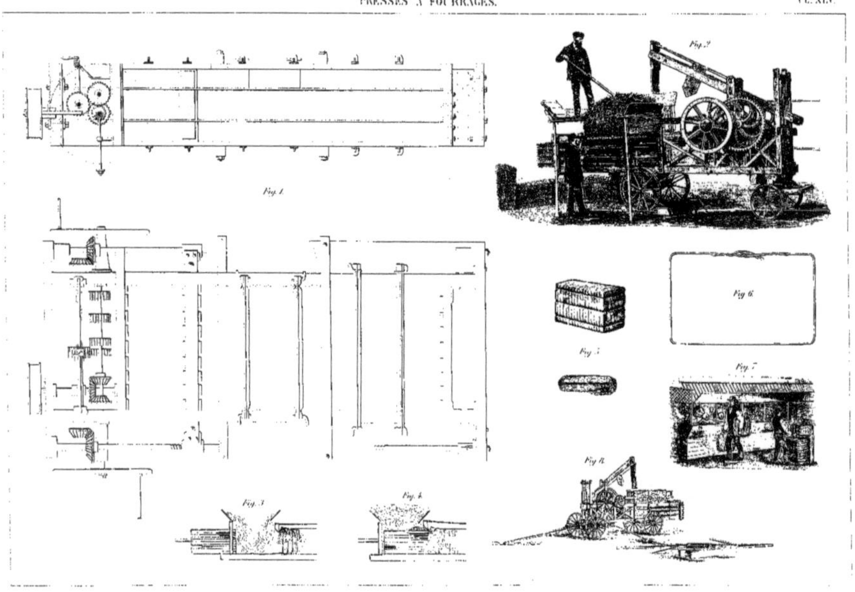
Fig. 1.
Fig. 2.
Fig. 3.
Fig. 4.
Fig. 5.
Fig. 6.
Fig. 7.
Fig. 8.

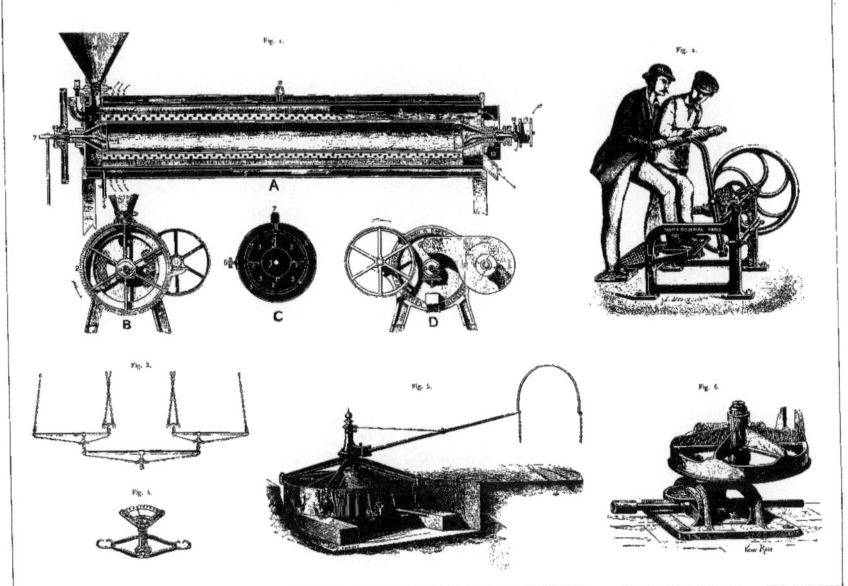
Fig. 1.
A
B
C
D
Fig. 2.
Fig. 3.
Fig. 4.
Fig. 5.
Fig. 6.

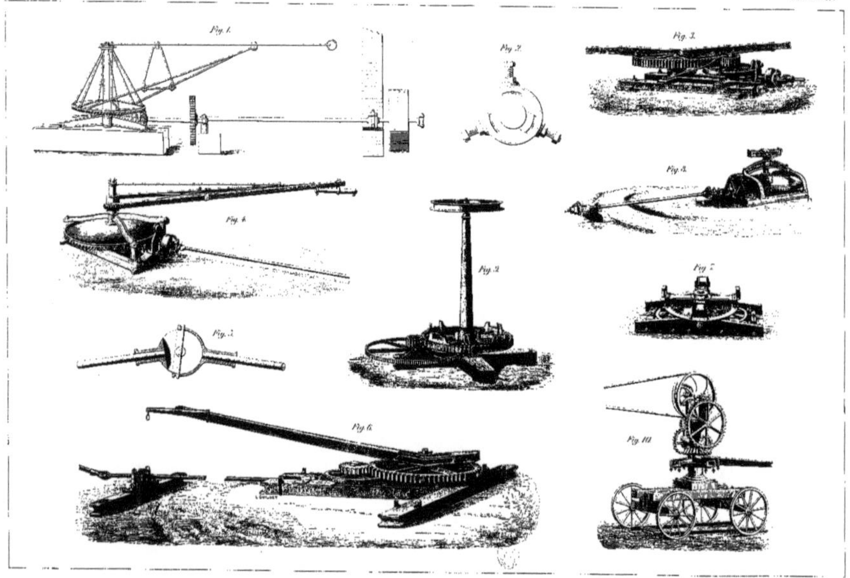

Fig. 1.
Fig. 2.
Fig. 3.
Fig. 6.
Fig. 4.
Fig. 5.
Fig. 7.

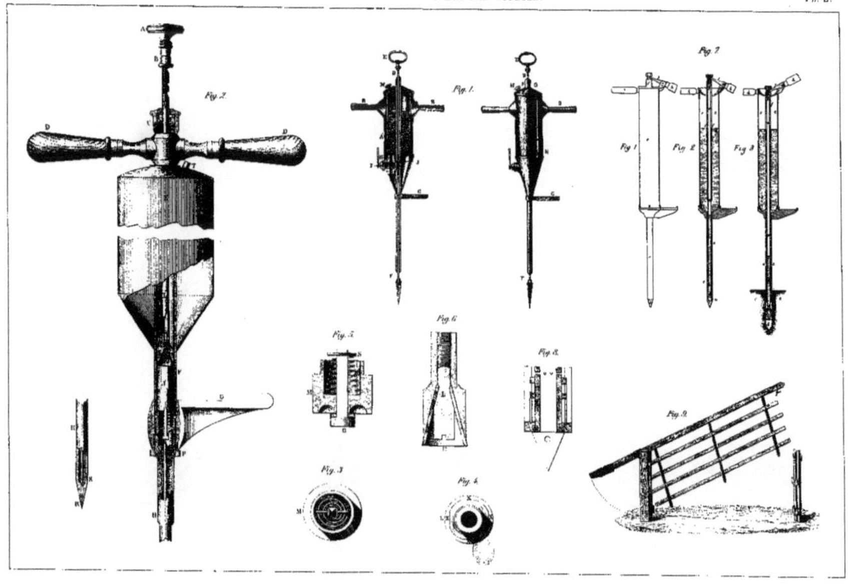

PALS INJECTEURS.—BARRIÈRE MOBILE.

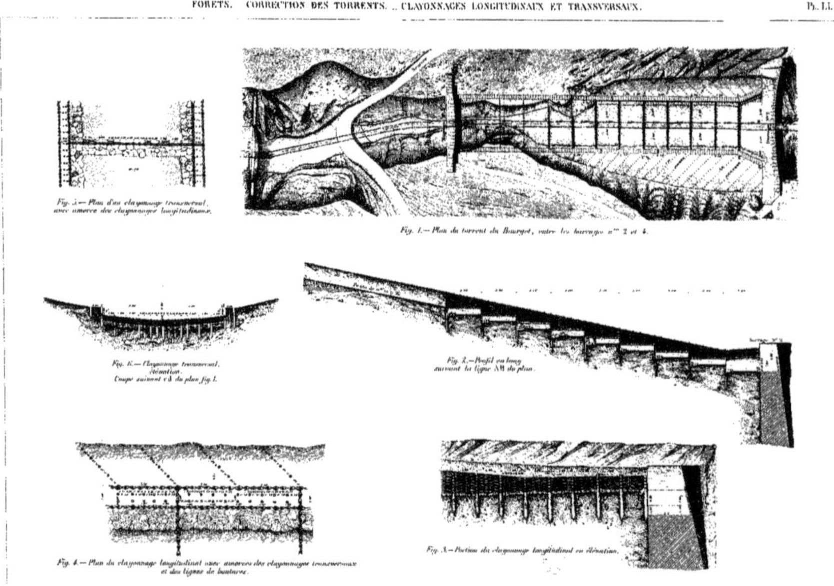

Fig. 3. — Plan d'un clayonnage transversal,
avec amorce des clayonnages longitudinaux.

Fig. 1. — Plan du torrent du Bourget, entre les barrages n⁰ˢ 2 et 4.

Fig. 6. — Clayonnage transversal,
élévation.
Coupe suivant cd du plan fig. 1.

Fig. 2. — Profil en long
suivant la ligne AB du plan.

Fig. 4. — Plan du clayonnage longitudinal avec amorces des clayonnages transversaux
et des lignes de boutures.

Fig. 5. — Portion du clayonnage longitudinal en élévation.

FASCINAGE DE PREMIER ORDRE.

GRAND CLAYONNAGE.

Fig. 1. — Élévation.

Fig. 4. — Élévation.

Fig. 2. — Plan.

Fig. 5. — Plan.

Fig. 3. — Barrage en fascinage (coupe suivant AB).

Fig. 6. — Barrage en clayonnage (coupe sur l'axe).

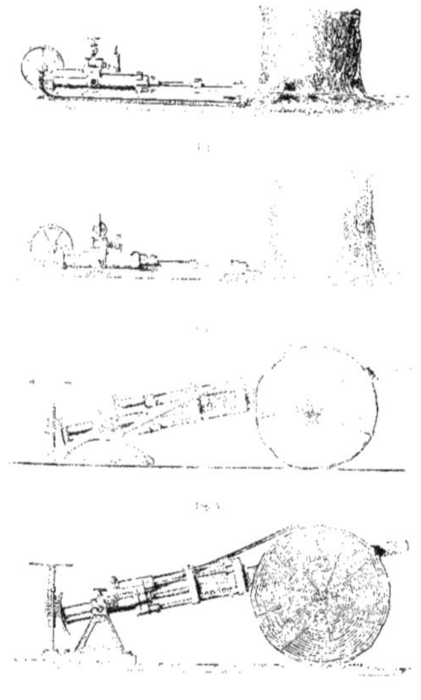

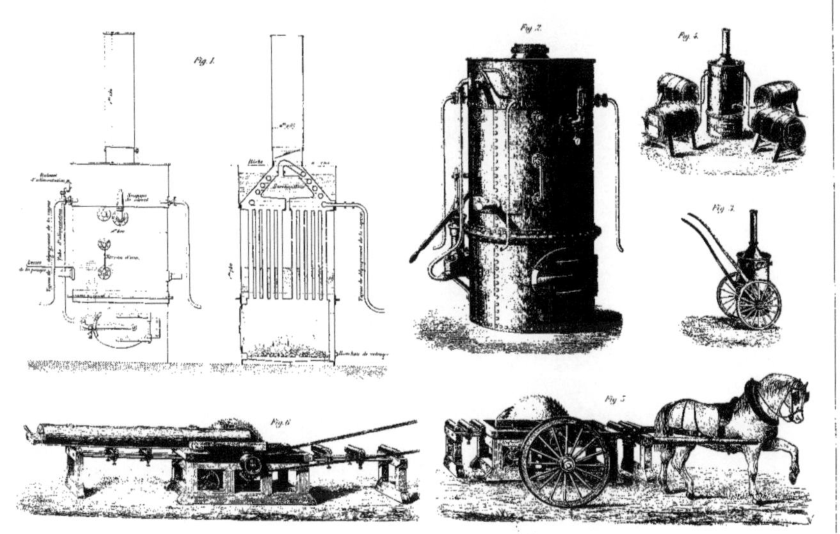

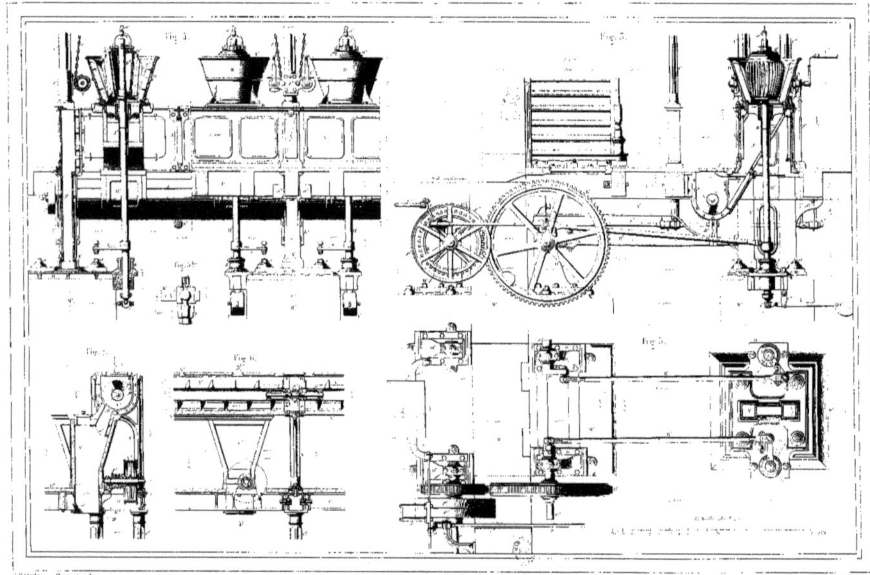

Fig. 4.
Fig. 3.
Fig. 2.
Fig. 7.
Fig. 6.
Fig. 5.

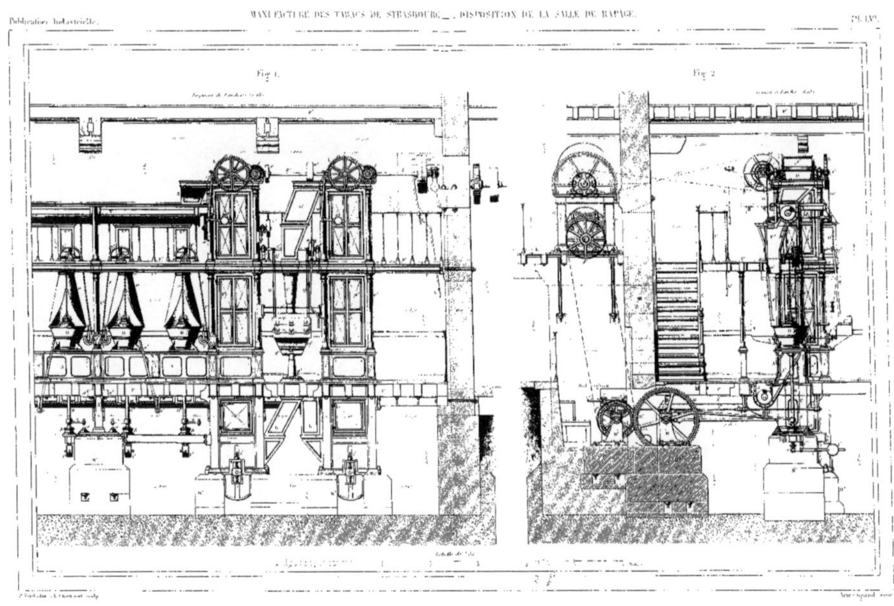

Fig. 1.

Fig. 2.

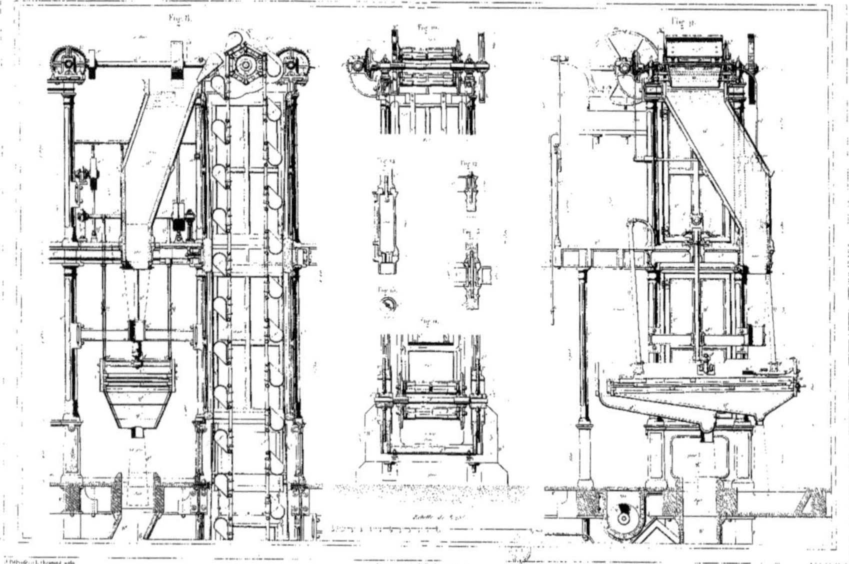

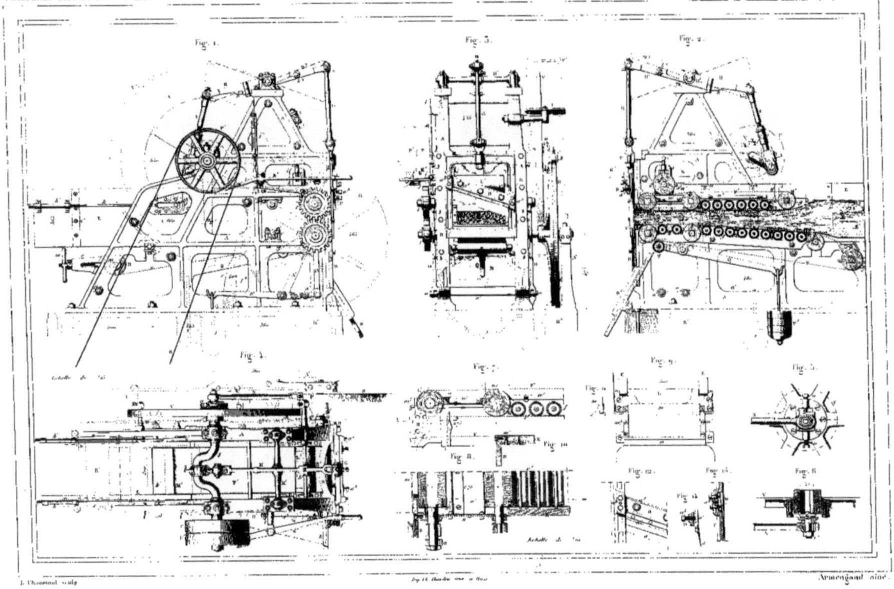

Fig. 1.

Fig. 3.

Fig. 2.

Fig. 4.

Fig. 7.

Fig. 9.

Fig. 5.

Fig. 8.

Fig. 10.

Fig. 11.

Fig. 12.

Fig. 14.

Fig. 13.

Fig. 6.

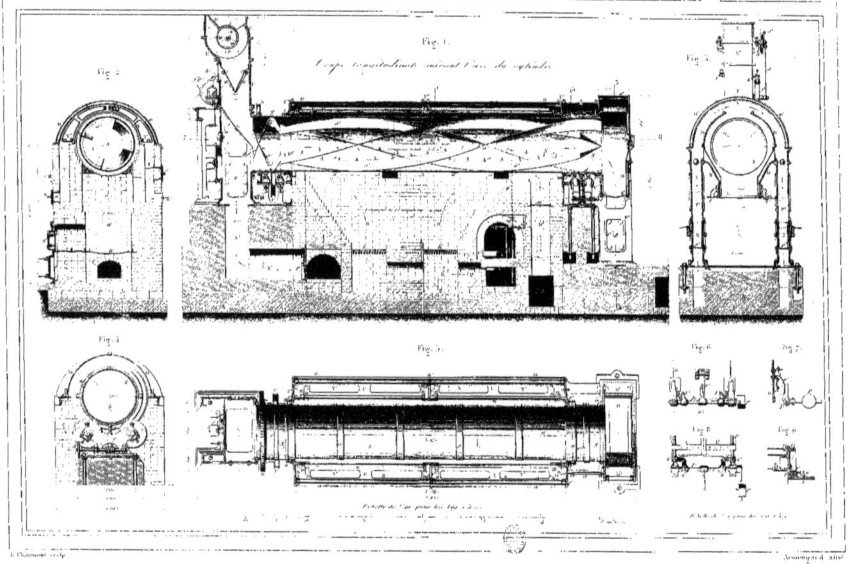
Fig. 1.
Coupe longitudinale suivant l'axe du cylindre
Fig. 2
Fig. 3.
Fig. 4
Fig. 5.
Fig. 6
Fig. 7.
Fig. 8
Fig. 9

L. Chaumont sculp. — Armengaud ainé

FABRICATION DES TABACS — TORRÉFACTEUR MÉCANIQUE PAR M. E. ROLLAND

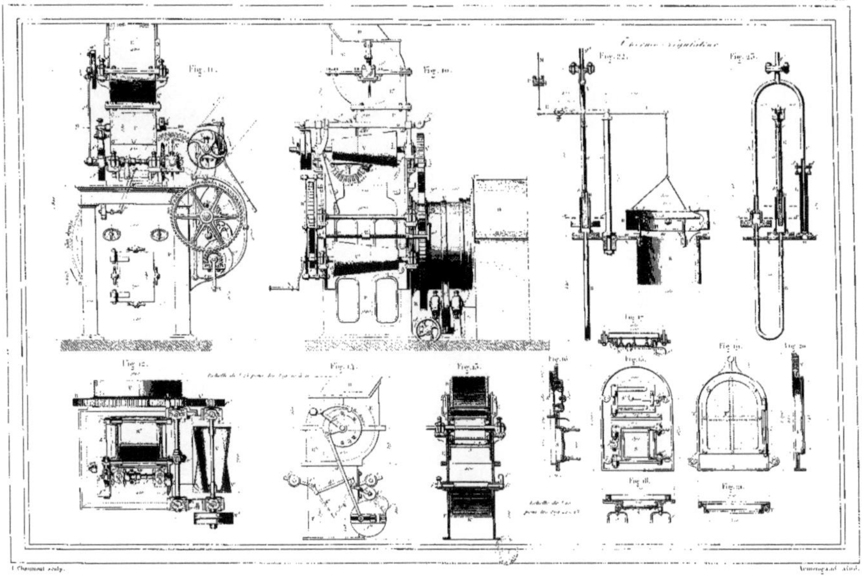
Fig. 11.
Fig. 10.
Fig. 22.
Fig. 23.
Fig. 12.
Fig. 14.
Fig. 15.

J. Chaumont sculp.

Armengaud ainé.

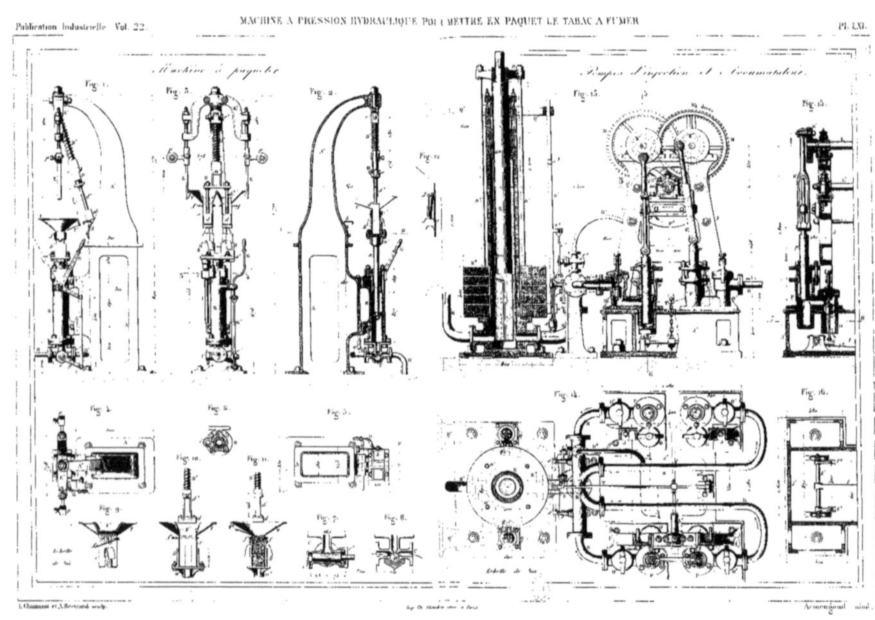
Machine à paqueter
Pompes d'injection et Accumulateur
Fig. 1.
Fig. 3.
Fig. 2.
Fig. 12.
Fig. 15.
Fig. 13.
Fig. 4.
Fig. 6.
Fig. 5.
Fig. 9.
Fig. 10.
Fig. 11.
Fig. 11.
Fig. 7.
Fig. 8.
Fig. 14.
Fig. 16.
Echelle de bas.
Echelle de bas.

FABRICATION DES TABACS. — PRESSES HYDRAULIQUES POUR CAROTTES

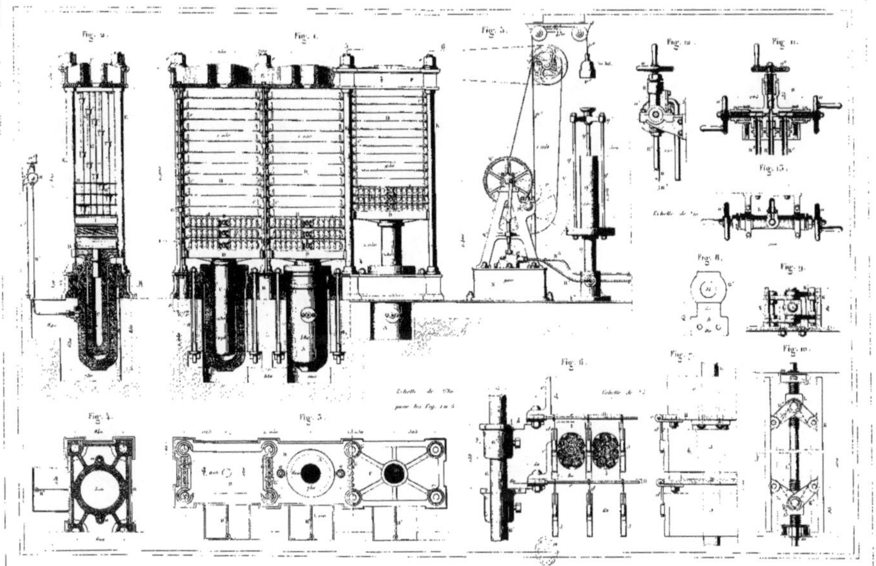

J. Chaumont et E. Bertrand sculp.

Imp. Ch. Chardon aîné, à Paris

Armengaud aîné

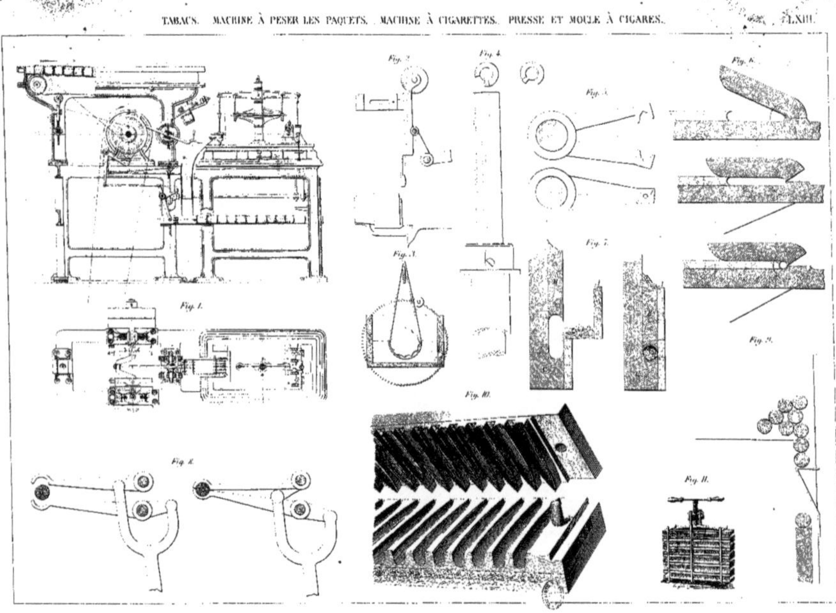

Fig. 2.
Fig. 4.
Fig. 5.
Fig. 6.
Fig. 1.
Fig. 3.
Fig. 7.
Fig. 8.
Fig. 9.
Fig. 10.
Fig. 11.
Fig. 12.

9 782013 539425